Abdelhafid Mimouni

# Humanos e macacos: regulação da tensão arterial

**Abdelhafid Mimouni**

# Humanos e macacos: regulação da tensão arterial

**ScienciaScripts**

**Imprint**

Any brand names and product names mentioned in this book are subject to trademark, brand or patent protection and are trademarks or registered trademarks of their respective holders. The use of brand names, product names, common names, trade names, product descriptions etc. even without a particular marking in this work is in no way to be construed to mean that such names may be regarded as unrestricted in respect of trademark and brand protection legislation and could thus be used by anyone.

Cover image: www.ingimage.com

This book is a translation from the original published under ISBN 978-620-6-72740-8.

Publisher:
Sciencia Scripts
is a trademark of
Dodo Books Indian Ocean Ltd. and OmniScriptum S.R.L publishing group

120 High Road, East Finchley, London, N2 9ED, United Kingdom
Str. Armeneasca 28/1, office 1, Chisinau MD-2012, Republic of Moldova, Europe
Managing Directors: Ieva Konstantinova, Victoria Ursu
info@omniscriptum.com

Printed at: see last page
**ISBN: 978-620-8-39671-8**

**Humanos e macacos: regulação da tensão arterial**

**Autor:** Dr. Abdelhafid Mimouni: investigador independente em química bioinorgânica, doutorado em química pela Universidade de Paris XII (1997) e Diplôme des Études Approfondies en Systèmes Bioinorganiques pela Universidade de Paris XI (93), licenciado e mestre em química (91, 92).

**Resumo:** Este livro fornece um estudo comparativo dos mecanismos de regulação da pressão arterial em humanos e macacos, destacando as suas diferenças fisiológicas e anatómicas. Explora os sistemas hormonais, como o sistema renina-angiotensina-aldosterona, bem como a interação entre os sistemas nervosos simpático e parassimpático no controlo da pressão arterial. O impacto da dieta, do stress e da atividade física na saúde cardiovascular é também examinado, salientando o papel dos macacos como modelos para o estudo da hipertensão humana. Finalmente, são discutidas as implicações para a investigação futura e para a investigação translacional com o objetivo de melhorar as intervenções clínicas e as estratégias de prevenção na saúde cardiovascular.

**Esboço do livro :**

# Introdução

A regulação da tensão arterial é um processo vital que mantém a homeostasia no organismo. Um equilíbrio exato da pressão arterial é essencial para assegurar uma perfusão adequada dos tecidos e órgãos, permitindo o seu bom funcionamento. As anomalias deste sistema regulador podem conduzir a patologias graves, nomeadamente a hipertensão, que constitui um importante fator de risco para as doenças cardiovasculares, os acidentes vasculares cerebrais e as doenças renais.

Este assunto é de particular importância não só para a saúde humana, mas também para a nossa compreensão dos mecanismos fisiológicos noutras espécies. Os macacos, por exemplo, são um modelo interessante devido à sua proximidade genética com os humanos e às suas semelhanças fisiológicas. No entanto, apesar dos progressos registados na investigação sobre a pressão arterial nos seres humanos, os dados sobre os sistemas reguladores nos macacos continuam a ser relativamente limitados. Esta lacuna levanta questões sobre variações adaptativas e implicações clínicas para a saúde humana.

O objetivo deste estudo comparativo é realçar as semelhanças e diferenças nos sistemas de regulação da pressão arterial dos humanos e dos macacos. Ao examinar os mecanismos biológicos subjacentes, as respostas neurais e hormonais, bem como a influência de factores ambientais, esta investigação pretende fornecer uma nova perspetiva sobre a fisiologia cardíaca e explorar a forma como este conhecimento pode enriquecer a nossa compreensão das doenças cardiovasculares. Em última análise, este estudo tem como objetivo abrir caminhos para futuras investigações, tanto fundamentais como aplicadas, no domínio da bioinorgânica e da saúde.

# Capítulo 1: Anatomia e fisiologia cardíacas

**Comparação da anatomia cardíaca entre humanos e macacos**

A anatomia cardíaca é uma área de estudo fundamental para a compreensão dos mecanismos de regulação da pressão arterial. O coração humano é um órgão muscular oco dividido em quatro câmaras: dois átrios (direito e esquerdo) e dois ventrículos (direito e esquerdo). Esta estrutura assegura uma separação eficaz entre o sangue oxigenado, que circula na circulação sistémica, e o sangue desoxigenado, que circula na circulação pulmonar. A coordenação das contracções cardíacas é orquestrada pelo sistema de condução cardíaco, que inclui o nó sinusal e o nó atrioventricular.

Os macacos, como primatas não humanos, têm semelhanças anatómicas com os humanos, mas também distinções importantes. Os seus corações têm uma estrutura semelhante, com quatro câmaras, mas podem ser observadas variações no tamanho e na espessura das paredes do miocárdio. Estas diferenças estão frequentemente relacionadas com o ambiente em que evoluem e com as adaptações fisiológicas necessárias para satisfazer as suas necessidades metabólicas. Por exemplo, a massa miocárdica dos macacos pode ser maior devido à sua atividade física frequente e ao seu estilo de vida social, que exige uma maior capacidade de bombear sangue (Dunbar, 2009).

Além disso, a morfologia dos vasos coronários pode variar entre espécies, influenciando a perfusão do miocárdio e as respostas ao exercício ou ao stress. Estudos de imagem e de anatomia comparativa mostram que os macacos têm artérias coronárias mais desenvolvidas, o que lhes permite suportar melhor a frequência cardíaca elevada e o aumento da procura metabólica (Lindsey et al., 2014).

**Frequência cardíaca e implicações para a circulação**

A frequência cardíaca (FC) é um indicador-chave do desempenho cardíaco e da saúde vascular. Nos seres humanos, a frequência cardíaca em repouso situa-se geralmente entre 60 e 100 batimentos por minuto (bpm). No entanto, nos macacos, a frequência cardíaca em repouso pode variar consideravelmente, atingindo frequentemente 150 bpm ou mais, dependendo da espécie e das condições fisiológicas (Hoffman et al., 2004). Esta diferença significativa tem implicações profundas na circulação sanguínea.

Uma frequência cardíaca mais elevada nos macacos permite aumentar o débito cardíaco (o volume de sangue bombeado pelo coração por minuto), o que é crucial para satisfazer as suas necessidades metabólicas, especialmente durante uma atividade física intensa ou em situações de stress. Esta capacidade de modular rapidamente a FC é essencial em ambientes onde a sobrevivência depende da capacidade de resposta a predadores ou a alterações ambientais (Harrison et al., 2013).

**Frequência cardíaca e regulação pelo sistema nervoso autónomo**

A frequência cardíaca elevada observada nos macacos é o resultado de uma regulação complexa orquestrada pelo sistema nervoso autónomo (SNA). Este sistema, de funcionamento involuntário, divide-se em dois ramos principais: o sistema nervoso simpático e o sistema nervoso parassimpático. Cada um destes ramos desempenha um papel crucial na modulação da frequência cardíaca e das respostas cardiovasculares.

**Papel do sistema nervoso simpático**

O sistema nervoso simpático (SNS) desempenha um papel central na preparação do organismo para responder a situações de stress ou de emergência, frequentemente designadas por resposta de "luta ou fuga". Este mecanismo, de importância vital para a sobrevivência, permite que os macacos (e outros animais) reajam rapidamente a potenciais ameaças, como predadores ou rivalidades sociais.

**Ativação do sistema nervoso simpático**

Quando o macaco se apercebe de uma ameaça ou pratica uma atividade física intensa, os sinais sensoriais desencadeiam a ativação do SNS. Esta ativação leva à libertação rápida de neurotransmissores, nomeadamente noradrenalina, que é segregada pelas terminações nervosas simpáticas. A noradrenalina tem uma variedade de efeitos em muitos dos sistemas do corpo, mas o seu impacto no coração é particularmente crucial.

**Efeitos no coração**

1. **Aumento do ritmo cardíaco**: A noradrenalina actua principalmente no nó sinusal, o pacemaker natural do coração. Ao aumentar a taxa de despolarização das células do nó sinusal, a noradrenalina aumenta o ritmo cardíaco, permitindo ao coração bombear mais sangue por minuto. Este aumento é essencial para fornecer um maior fornecimento de oxigénio aos músculos e aos órgãos vitais durante os períodos de stress ou de atividade.

2. **Estimulação da contratilidade do miocárdio**: Para além de aumentar a frequência cardíaca, o SNS também aumenta a força de contração do músculo cardíaco, um fenómeno conhecido como contratilidade do miocárdio. Isto significa que cada batimento cardíaco bombeia mais sangue, aumentando assim o débito cardíaco (o volume total de sangue bombeado pelo coração num minuto). Esta capacidade de ajustar a força de contração é vital em situações em que é necessário um desempenho físico máximo.

**Importância na interação social**

Enquanto animais sociais, os macacos vivem em grupos onde as interações podem ser frequentes e, por vezes, conflituosas. Neste contexto, a capacidade de reagir rapidamente aos estímulos sociais é crucial. Por exemplo, durante confrontos com outros membros do grupo, uma resposta simpática eficaz permite que um macaco mobilize rapidamente a energia necessária para se defender ou estabelecer o domínio. Estudos demonstraram que esta capacidade de ajustar rapidamente a frequência cardíaca e a força de contração é particularmente importante em situações em que as decisões têm de ser tomadas rapidamente (Reid et al., 2015).

## Mecanismos fisiológicos subjacentes

A ativação do SNS não se limita à libertação de noradrenalina. Envolve também mecanismos hormonais, como a libertação de adrenalina pelas glândulas supra-renais. Esta hormona, que tem efeitos semelhantes aos da noradrenalina, aumenta ainda mais a frequência cardíaca e a contratilidade do miocárdio. Em conjunto, estas acções hormonais e nervosas preparam o organismo para fazer face a situações de stress.

Em suma, o sistema nervoso simpático desempenha um papel indispensável na preparação do macaco para reagir a ameaças e exigências fisiológicas. Ao aumentar a frequência cardíaca e a contratilidade do miocárdio, o SNS permite uma adaptação rápida às necessidades metabólicas, garantindo a sobrevivência e a eficiência em ambientes sociais complexos. Estas respostas fisiológicas são essenciais não só para a sobrevivência individual, mas também para o funcionamento dinâmico dos grupos sociais a que os macacos pertencem.

## Papel do sistema nervoso parassimpático

Embora o sistema nervoso simpático (SNS) desempenhe um papel dominante nas respostas de ativação, o sistema nervoso parassimpático (SNP) é igualmente essencial para a gestão das respostas fisiológicas pós-stress. Mediado principalmente pelo nervo vago, o SNP é responsável pela modulação das funções corporais em repouso e pela recuperação após períodos de atividade intensa ou de stress.

## Ativação do sistema nervoso parassimpático

Quando a ameaça ou o stress diminuem, o organismo ativa o SNP, restabelecendo um estado de equilíbrio. Esta ativação é particularmente importante para gerir os efeitos fisiológicos induzidos pela ativação simpática. Ao aumentar o tónus parassimpático, o corpo inicia um processo de recuperação que ajuda a reduzir progressivamente a frequência cardíaca e a restaurar um estado de calma.

## Efeitos no coração

1. **Redução da frequência cardíaca**: O tónus parassimpático tem um efeito direto no nó sinusal, abrandando a taxa de despolarização. Isto leva a uma redução da frequência cardíaca, permitindo que o coração volte a um ritmo mais normal após um período de stress. Esta fase de redução da frequência cardíaca é crucial para evitar a fadiga excessiva do músculo cardíaco e para manter uma função cardiovascular saudável.

2. **Melhoria da recuperação**: Ao favorecer o regresso a um estado de repouso, a SNP ajuda a reduzir os níveis de stress no coração. Uma recuperação adequada é essencial para evitar os efeitos nocivos da estimulação simpática prolongada, como a hipertensão e a sobrecarga do sistema cardiovascular. A regulação do ritmo cardíaco pelo SNP contribui igualmente para minimizar o risco de complicações cardiovasculares a longo prazo.

**Proteção contra os efeitos nocivos do stress**

O aumento do tónus parassimpático desempenha um importante papel protetor. Quando o SNP é ativado, ajuda a contrariar os efeitos negativos da estimulação simpática excessiva, como o aumento da pressão arterial, a inflamação e a fadiga cardíaca. Esta regulação fina é essencial para manter o equilíbrio homeostático no corpo, especialmente em ambientes stressantes ou durante períodos de stress prolongado.

Estudos demonstraram que, nos macacos, a modulação adequada do tónus parassimpático está associada a uma maior resiliência ao stress e a uma melhor saúde cardiovascular (Reid et al., 2015). De facto, os macacos capazes de regular melhor a sua resposta parassimpática apresentam uma maior capacidade de lidar com situações de stress sem comprometer a sua saúde cardiovascular.

**Interações com o sistema nervoso simpático**

O SNP e o SNS trabalham frequentemente em oposição, mas também devem trabalhar em conjunto para garantir uma resposta fisiológica equilibrada. Enquanto o SNS ativa o corpo para lidar com situações de emergência, o SNP ajuda a acalmar e a regular esta excitação depois de a ameaça ter passado. Esta interação entre os dois sistemas é crucial para manter a homeostase e promover uma saúde óptima.

Em suma, o sistema nervoso parassimpático desempenha um papel vital na recuperação pós-stress e na modulação das funções cardíacas. Ao diminuir a frequência cardíaca e facilitar a recuperação, o SNP ajuda a manter o equilíbrio fisiológico e a proteger o coração dos efeitos deletérios do stress prolongado. A compreensão da importância deste sistema na saúde cardiovascular dos macacos fornece informações valiosas para a investigação sobre a regulação do stress e o bem-estar geral.

**Interação entre os dois sistemas**

A interação entre os sistemas nervosos simpático e parassimpático é essencial para a regulação eficaz da frequência cardíaca.

1. **Resposta ao stress**: Quando o corpo é confrontado com uma situação de stress, o sistema simpático é ativado. Isto leva a um aumento da frequência cardíaca e da força de contração do coração, permitindo ao corpo reagir rapidamente a ameaças ou exigências físicas.

2. **Recuperação do stress**: Uma vez ultrapassada a ameaça, o sistema parassimpático assume o controlo. Ajuda o coração a regressar a um estado de repouso, baixando a frequência cardíaca e promovendo a recuperação. Este processo é crucial para evitar o excesso de trabalho do coração e manter uma função cardiovascular óptima.

3. **Equilíbrio dinâmico**: Esta interação entre os sistemas simpático e parassimpático cria um equilíbrio dinâmico. Isto permite que o corpo responda rapidamente às necessidades imediatas, assegurando simultaneamente uma recuperação adequada após períodos de stress intenso.

Em suma, a regulação do ritmo cardíaco nos macacos evidencia a importância de uma colaboração harmoniosa entre os dois ramos do sistema nervoso autónomo. Esta regulação fina não é apenas essencial para o desempenho físico, é também crucial para a saúde geral do coração e do sistema cardiovascular. Uma má interação entre estes dois sistemas pode levar a problemas de saúde como a hipertensão e outras doenças cardiovasculares.

**Conclusão**

As diferenças anatómicas e fisiológicas entre o coração humano e o coração do macaco, nomeadamente ao nível da frequência cardíaca, revelam mecanismos de regulação da pressão arterial e de resposta a estímulos ambientais cruciais para a saúde cardiovascular.

1. **Implicações das diferenças anatómicas**: A estrutura cardíaca dos macacos, embora semelhante à dos humanos, apresenta variações significativas que influenciam a sua função cardiovascular. Por exemplo, a massa miocárdica e a morfologia dos vasos coronários nos macacos podem ser adaptadas às suas necessidades metabólicas específicas, devido ao seu estilo de vida ativo e social. Estas distinções anatómicas podem oferecer conhecimentos sobre a forma como as diferentes espécies lidam com o stress físico e emocional, e como estas respostas podem ser aplicadas para compreender as patologias cardíacas humanas.

2. **Frequência cardíaca e regulação da pressão arterial**: A frequência cardíaca mais elevada dos macacos, que pode atingir 150 bpm em repouso, é um elemento-chave na regulação da sua pressão arterial. A compreensão da forma como este ritmo cardíaco mais elevado é mantido e modulado pelo sistema nervoso autónomo pode esclarecer os mecanismos que controlam a pressão arterial, um importante fator de risco para as doenças cardiovasculares. Este conhecimento pode também influenciar as abordagens terapêuticas destinadas a tratar a hipertensão nos seres humanos.

3. **Respostas a estímulos ambientais**: As respostas fisiológicas dos macacos a estímulos ambientais, orquestradas pela interação entre os sistemas simpático e parassimpático, sublinham a importância de uma regulação equilibrada do stress. Estes mecanismos podem ser aplicados para compreender melhor as perturbações relacionadas com o stress nos seres humanos, como a ansiedade ou a depressão, que têm consequências diretas para a saúde cardiovascular.

4. **Aplicações na área da saúde e medicina comparada**: Os estudos comparativos dos sistemas cardiovasculares humano e do macaco podem fornecer informações valiosas para a investigação da saúde cardiovascular. Por exemplo, os macacos são frequentemente utilizados como modelos animais para testar

intervenções médicas e avaliar a eficácia de novos tratamentos. Ao compreender melhor os seus mecanismos fisiológicos, os investigadores podem desenvolver estratégias mais eficazes para prevenir e tratar as doenças cardíacas nos seres humanos.

Em suma, explorar as diferenças entre o coração humano e o coração de macacos não só enriquece a nossa compreensão dos mecanismos cardíacos fundamentais, como também abre novas vias para a investigação médica e no domínio da saúde. Esta abordagem comparativa é essencial para desenvolver intervenções mais direcionadas e eficazes, ajudando assim a melhorar a saúde cardiovascular nas populações humanas.

# Capítulo 2: Mecanismos de regulação hormonal

A regulação da pressão arterial e da função cardiovascular é um processo complexo que envolve interações entre vários sistemas hormonais. Entre estes mecanismos, o sistema renina-angiotensina-aldosterona (RAAS) e a ação de hormonas como a adrenalina desempenham um papel crucial. Este capítulo explora as semelhanças e diferenças entre estes sistemas, bem como o impacto das hormonas na regulação cardiovascular.

**Sistema renina-angiotensina-aldosterona (RAAS)**

**1. Como funciona o RAAS**

O sistema renina-angiotensina-aldosterona é um mecanismo hormonal fundamental que regula a tensão arterial e o equilíbrio dos fluidos no organismo. É composto por várias fases:

- **Secreção de renina**: Quando há uma descida da pressão arterial ou uma diminuição do volume sanguíneo, as células justaglomerulares dos rins segregam uma enzima chamada renina. Esta secreção pode também ser estimulada pela ativação do sistema nervoso simpático ou por uma diminuição do sódio no túbulo distal.

- **Formação de angiotensina I**: A renina catalisa a conversão do angiotensinogénio, uma proteína produzida pelo fígado, em angiotensina I, um péptido inativo.

- **Conversão em angiotensina II**: A angiotensina I é depois convertida em angiotensina II pela enzima de conversão da angiotensina (ECA), principalmente nos pulmões. A angiotensina II é um potente vasoconstritor com efeitos significativos na tensão arterial.

- **Libertação de aldosterona**: A angiotensina II estimula a secreção de aldosterona pelas glândulas supra-renais. A aldosterona promove a reabsorção de sódio e água nos rins, aumentando assim o volume sanguíneo e a pressão arterial.

## 2. Semelhanças entre humanos e macacos

Nos seres humanos e nos macacos, existem semelhanças notáveis na forma como o SRAA funciona. Em ambas as espécies, a regulação da renina é influenciada por factores como a pressão arterial, o volume sanguíneo e a concentração de sódio. As respostas fisiológicas induzidas pela angiotensina II e pela aldosterona, tais como a vasoconstrição e a reabsorção de sódio, são também semelhantes, sublinhando a importância do SRAA no controlo da pressão arterial.

## 3. Diferenças entre humanos e macacos

No entanto, existem também diferenças entre espécies. Por exemplo, estudos demonstraram que a sensibilidade dos receptores da angiotensina II pode variar, o que pode influenciar a eficácia da resposta vasoconstritora e a secreção de aldosterona. Além disso, foram observadas variações nos níveis basais de renina e aldosterona, que podem refletir adaptações evolutivas relacionadas com os diferentes estilos de vida dos macacos e dos seres humanos.

**Papel das hormonas na regulação**

**1. Adrenalina e noradrenalina**

A adrenalina e a noradrenalina, hormonas segregadas pela medula suprarrenal em resposta a estímulos stressantes, desempenham um papel central na regulação do ritmo cardíaco e da pressão arterial.

- **Efeitos da adrenalina**: A adrenalina aumenta a frequência cardíaca, melhora a contratilidade do miocárdio e dilata os vasos sanguíneos no músculo esquelético, promovendo assim o fornecimento de sangue e oxigénio aos tecidos. Por outro lado, provoca vasoconstrição noutras áreas, como os órgãos digestivos, direcionando o fluxo sanguíneo para os músculos.

- **Efeitos da noradrenalina**: A noradrenalina, libertada principalmente pelo sistema nervoso simpático, actua como um potente vasoconstritor, aumentando a resistência periférica e, consequentemente, a pressão arterial. Também desempenha um papel no aumento da frequência cardíaca e da contratilidade do miocárdio, mas com um impacto ligeiramente diferente do da adrenalina.

## 2. Interações hormonais

Os efeitos da adrenalina e da noradrenalina não ocorrem de forma isolada. A sua ação é frequentemente modulada pelo SRAA. Por exemplo, um aumento da angiotensina II pode potenciar o efeito vasoconstritor da noradrenalina, criando uma resposta cardiovascular mais robusta ao stress. Além disso, as hormonas do SRAA podem influenciar a libertação de adrenalina, integrando estes sistemas para uma regulação eficaz da pressão arterial e da frequência cardíaca.

## 3. Adaptação ao stress

Nos macacos, a ativação do sistema simpático pela adrenalina e noradrenalina é particularmente importante em contextos sociais e ambientais dinâmicos. As respostas hormonais rápidas permitem uma adaptação eficiente a situações como a competição por alimentos ou a fuga de predadores. As diferenças na reatividade hormonal entre macacos e humanos podem também fornecer pistas sobre a forma como a evolução moldou as respostas fisiológicas a pressões ambientais específicas.

## Conclusão

Os mecanismos hormonais, em particular o sistema renina-angiotensina-aldosterona e a ação de hormonas como a adrenalina e a noradrenalina, desempenham um papel central na regulação da pressão arterial e da função cardiovascular. Embora existam semelhanças entre os humanos e os macacos, as grandes diferenças na sensibilidade e na resposta às hormonas sublinham a importância da adaptação evolutiva. Uma compreensão aprofundada destes mecanismos comparativos pode enriquecer a investigação sobre a saúde cardiovascular e fornecer informações sobre o tratamento das doenças cardiovasculares nos seres humanos.

# Capítulo 3: Respostas nervosas

A regulação da pressão arterial está intimamente ligada à função do sistema nervoso autónomo (SNA), que desempenha um papel essencial no ajuste rápido das respostas cardiovasculares. Este capítulo centra-se no SNA e na importância dos reflexos barorreceptores no homem e no macaco.

**O sistema nervoso autónomo e o seu impacto na pressão arterial**

O sistema nervoso autónomo divide-se em dois ramos: o sistema nervoso simpático, que prepara o corpo para situações de stress, e o sistema nervoso parassimpático, que promove o relaxamento e a recuperação. Estes dois sistemas trabalham em conjunto para regular a tensão arterial de acordo com as necessidades fisiológicas.

Quando um macaco ou um ser humano enfrenta o stress, o SNA simpático é ativado, levando a um aumento da frequência cardíaca e à vasoconstrição, o que aumenta a pressão arterial. Inversamente, quando a ameaça desaparece ou o corpo descansa, o tónus parassimpático aumenta, permitindo a diminuição da frequência cardíaca e a vasodilatação, ajudando a repor a pressão arterial em níveis normais.

**Estudo dos reflexos barorreceptores em ambas as espécies**

Os barorreceptores são receptores sensíveis à pressão localizados principalmente na artéria carótida e na aorta. Detectam variações da pressão arterial e enviam sinais ao sistema nervoso central para ajustar a resposta cardiovascular.

Nos seres humanos, os barorreceptores desempenham um papel crucial na manutenção da homeostase. Por exemplo, um aumento rápido da pressão arterial desencadeia uma resposta reflexa que inibe a atividade simpática e estimula o tónus parassimpático, reduzindo assim a pressão arterial. Estudos demonstram que esta resposta é rápida, actuando numa questão de segundos para corrigir anomalias (Mancia et al., 2007).

Nos macacos, embora o mecanismo seja semelhante, a investigação indica que a sua capacidade de regular a pressão arterial através dos barorreceptores pode ser influenciada por factores como o stress social e a atividade física. Por exemplo, estudos observaram que, durante interações sociais intensas, os macacos podem apresentar uma resposta alterada dos barorreceptores, levando a flutuações da pressão arterial (Harrison et al., 2013).

**Conclusão**

Em resumo, o sistema nervoso autónomo, através dos barorreceptores, desempenha um papel fundamental na regulação da pressão arterial, tanto nos seres humanos como nos macacos. As diferenças na resposta dos barorreceptores podem fornecer informações valiosas sobre adaptações evolutivas e comportamentais, e o seu estudo continua a ser uma área promissora para a investigação da saúde cardiovascular.

# Capítulo 4: Factores ambientais e comportamentais

A pressão arterial é influenciada não só por mecanismos fisiológicos internos, mas também por uma variedade de factores ambientais e comportamentais. Este capítulo examina o impacto da alimentação e do estilo de vida na pressão arterial, bem como os efeitos do stress e da atividade física.

**Influência da alimentação e do estilo de vida na tensão arterial**

**1. Composição dos géneros alimentícios**

A alimentação desempenha um papel fundamental na regulação da pressão arterial e vários estudos estabeleceram relações claras entre os hábitos alimentares e a prevalência da hipertensão. Componentes específicos da dieta, como o sódio e o potássio, bem como o consumo de frutas e legumes, têm um impacto significativo na saúde cardiovascular.

**Sódio**

O sódio é um mineral essencial que desempenha um papel fundamental na manutenção do equilíbrio da água e dos electrólitos no organismo. No entanto, a ingestão excessiva de sódio é um dos principais factores que contribuem para a pressão arterial elevada. Eis como funciona:

- **Retenção de água**: Um aumento da ingestão de sódio faz com que os rins retenham água. Isto acontece porque o sódio atrai água, aumentando o volume de sangue. O aumento do volume de sangue exerce uma pressão adicional sobre as paredes dos vasos sanguíneos, aumentando a tensão arterial.

- **Recomendações**: As organizações de saúde, como a American Heart Association, recomendam limitar a ingestão de sódio a menos de 2300 mg por dia e, idealmente, a cerca de 1500 mg por dia para as pessoas com risco de hipertensão. Estes limites foram concebidos para reduzir o risco de doenças cardiovasculares e acidentes vasculares cerebrais.

- **Fontes de sódio**: O sódio é frequentemente consumido em excesso através de alimentos processados, refeições prontas e snacks salgados. Evitar estas fontes em favor de alimentos frescos pode contribuir para uma melhor gestão da tensão arterial.

## Potássio

Ao contrário do sódio, uma ingestão adequada de potássio pode desempenhar um papel protetor contra a hipertensão. Os efeitos benéficos do potássio na tensão arterial podem ser observados de várias formas:

- **Equilíbrio com o sódio**: O potássio ajuda a equilibrar os efeitos do sódio no organismo. Promove a excreção de sódio pelos rins, o que pode reduzir a retenção de água e, consequentemente, baixar a tensão arterial.

- **Vasodilatação**: O potássio também promove a vasodilatação, ou seja, o relaxamento dos vasos sanguíneos. Isto reduz a resistência vascular e ajuda a baixar a tensão arterial.

- **Fontes alimentares**: Os alimentos ricos em potássio incluem as bananas, os abacates, as batatas doces, os espinafres e os feijões. Incluir estes alimentos na sua dieta diária pode ajudar a manter uma tensão arterial saudável.

**Uma dieta rica em frutas e legumes**

As dietas ricas em fruta e vegetais, como a dieta DASH (Dietary Approaches to Stop Hypertension), estão fortemente associadas a níveis mais baixos de tensão arterial. Estes alimentos têm uma série de benefícios para a saúde:

- **Ricos em nutrientes**: A fruta e os legumes são geralmente ricos em vitaminas, minerais, antioxidantes e fibras, todos eles essenciais para a saúde cardiovascular. Por exemplo, os antioxidantes podem proteger os vasos sanguíneos dos danos oxidativos, enquanto as fibras ajudam a regular o metabolismo dos lípidos.

- **Dieta** DASH: A dieta DASH recomenda a ingestão de várias porções de fruta e legumes por dia, bem como de cereais integrais, produtos lácteos com baixo teor de gordura e proteínas magras.

Estudos demonstraram que as pessoas que seguem esta dieta têm uma redução significativa da tensão arterial.

- **Efeitos a longo prazo**: Uma dieta rica em frutas e legumes não só melhora a tensão arterial a curto prazo, como também contribui para uma melhor saúde cardiovascular a longo prazo, reduzindo o risco de doenças cardíacas e acidentes vasculares cerebrais.

Em suma, a composição da dieta tem um grande impacto na tensão arterial. Limitar a ingestão de sódio, aumentar a ingestão de potássio e seguir uma dieta rica em frutas e legumes pode promover uma tensão arterial saudável e reduzir o risco de hipertensão.

**Doses recomendadas :**

**Sódio**

- **Ingestão máxima recomendada** : Limitar a ingestão de sódio a menos de **2300 mg por dia** é recomendado por organismos de saúde como a American Heart Association.
- **Ingestão ideal**: Para pessoas com risco de hipertensão, a ingestão ideal seria de cerca de **1500 mg por dia**.
- **Fontes**: Uma grande parte da ingestão de sódio provém de alimentos processados e refeições prontas. A redução do consumo destes produtos é essencial se quisermos cumprir estas recomendações.

**Potássio**

- **Ingestão recomendada** : A ingestão diária recomendada de potássio para adultos é de cerca de **2.500 a 3.000 mg por dia**. No entanto, algumas recomendações sugerem até **4700 mg por dia** para um efeito ótimo na pressão arterial.

- **Fontes**: Os alimentos ricos em potássio incluem :

  o Banana: cerca de **422 mg por fruto**

  o Abacate: aproximadamente **975 mg por fruto**

  o Batata-doce: cerca de **540 mg por tubérculo**

  o Espinafres (cozinhados): cerca de **540 mg por chávena**

  o Feijão (cozido): cerca de **600 mg por chávena**

**Uma dieta rica em frutas e legumes**

- **Porções recomendadas**: Dietas como a DASH recomendam comer pelo menos **4 a 5 porções de fruta** e **4 a 5 porções de vegetais** por dia.

  o **Porção**: Uma porção de fruta ou de legumes corresponde geralmente a uma chávena de fruta ou de legumes crus, ou a meia chávena de legumes cozidos.

Em suma, para um controlo eficaz da pressão arterial, é aconselhável limitar a ingestão de sódio a menos de 2300 mg por dia, procurando simultaneamente uma ingestão de potássio entre 2500 e 4700 mg por dia, através da inclusão de uma variedade de frutas e legumes na alimentação diária.

## 2. Estilo de vida

O estilo de vida geral de um indivíduo também influencia a tensão arterial.

- **Consumo de álcool**: O consumo excessivo de álcool está associado a um aumento da tensão arterial. Os estudos mostram que o consumo moderado (até um copo por dia para as mulheres e dois para os homens) pode ter efeitos protectores, enquanto o consumo excessivo pode levar à hipertensão.
- **Peso corporal**: O excesso de peso e a obesidade são factores de risco bem estabelecidos para a hipertensão. O excesso de peso aumenta a resistência vascular e pode também afetar a regulação hormonal da pressão arterial.

## Efeitos do stress e da atividade física

## 1. Stress

O stress, quer seja físico ou emocional, pode ter efeitos nocivos na pressão arterial.

- **Reação ao stress**: Em situações de stress, o corpo ativa o sistema nervoso simpático, libertando hormonas como a adrenalina e a noradrenalina. Isto leva a um aumento do ritmo cardíaco e da pressão arterial, o que pode ser benéfico a curto prazo. No entanto, a exposição prolongada ao stress pode levar à hipertensão crónica.

- **Impacto psicológico**: O stress psicológico, como a ansiedade ou a depressão, também está associado a um risco acrescido de hipertensão. Os mecanismos subjacentes podem envolver respostas hormonais alteradas e comportamentos de saúde negativos, como uma dieta desequilibrada e uma atividade física reduzida.

## 2. Atividade física

A atividade física regular é um importante fator de proteção contra a hipertensão.

- **Efeitos imediatos e a longo prazo**: O exercício físico provoca uma vasodilatação e um aumento temporário do fluxo sanguíneo, mas a longo prazo ajuda a baixar a tensão arterial em repouso. Estudos mostram que mesmo actividades moderadas, como uma caminhada rápida, podem reduzir significativamente os níveis de pressão arterial.

- **Mecanismos**: A atividade física melhora a função endotelial, aumenta a sensibilidade à insulina e promove uma melhor regulação hormonal, factores que contribuem para baixar a pressão arterial.

- **Efeitos sociais e ambientais**: A prática de atividade física pode também incentivar uma interação social positiva e reduzir o stress, criando um círculo virtuoso que promove a saúde cardiovascular.

## Conclusão

Os factores ambientais e comportamentais desempenham um papel crucial na regulação da pressão arterial. Uma dieta equilibrada, um estilo de vida saudável, a gestão do stress e a atividade física regular são fundamentais para manter uma pressão arterial óptima. Ao compreender estas influências, é possível desenvolver estratégias eficazes de prevenção e tratamento para combater a hipertensão e melhorar a saúde cardiovascular.

# Capítulo 5: Modelos patológicos

A hipertensão é uma condição patológica que afecta tanto os humanos como os macacos e representa um campo de estudo essencial para a compreensão das doenças cardiovasculares. Ao explorar as semelhanças e diferenças na apresentação e tratamento da hipertensão entre estas duas espécies, podemos obter uma melhor compreensão dos mecanismos fisiopatológicos subjacentes e da eficácia das intervenções terapêuticas.

**Hipertensão em humanos e macacos**

A hipertensão, definida como uma pressão arterial sistólica superior a 130 mmHg ou uma pressão arterial diastólica superior a 80 mmHg, é uma das principais causas de doença cardiovascular em todo o mundo (OMS, 2021). Nos seres humanos, vários factores de risco contribuem para esta condição, incluindo:

- **Dieta**: Consumo elevado de sódio e gorduras saturadas.
- **Estilo de vida**: Falta de exercício físico e excesso de peso.
- **Factores genéticos**: história familiar de hipertensão.
- **Stress**: factores psicossociais que contribuem para a hipertensão arterial.

Nos macacos, a investigação demonstrou que os factores ambientais e comportamentais, como a socialização, a dieta e o nível de atividade física, também influenciam o desenvolvimento da hipertensão. Estudos experimentais mostraram que a exposição a dietas ricas em sódio e a níveis de stress psicossocial podem induzir hipertensão nestes primatas (Kraus et al., 2008). Os macacos podem desenvolver doenças cardiovasculares semelhantes às dos humanos, incluindo lesões vasculares e disfunção cardíaca, o que os torna um modelo útil para a investigação.

Os dados disponíveis sobre a prevalência da hipertensão nos macacos mostram uma incidência semelhante à observada nos seres humanos, com estimativas de até 50% em certos grupos de macacos idosos (Kraus et al., 2008). Estes modelos permitem não só estudar a progressão da hipertensão, mas também avaliar os mecanismos fisiopatológicos envolvidos.

**Intervenções terapêuticas e sua eficácia**

As intervenções para tratar a hipertensão nos seres humanos incluem alterações do estilo de vida, medicamentos anti-hipertensores e abordagens comportamentais. As modificações do estilo de vida incluem:

- **Dieta**: reduzir a ingestão de sódio, aumentar o consumo de potássio e adotar dietas como a DASH (Dietary Approaches to Stop Hypertension).
- **Exercício físico**: Recomenda-se uma atividade regular para baixar a pressão arterial.

- **Gestão do stress**: técnicas de relaxamento, meditação e terapia comportamental.

No que diz respeito aos medicamentos, são habitualmente utilizadas várias classes de anti-hipertensores:

- **Diuréticos**: ajudam a eliminar o excesso de sódio e de água.

- **Inibidores da enzima de conversão da angiotensina (IECA)**: Reduzem a produção de angiotensina II, um potente vasoconstritor.

- **Beta-bloqueadores**: Reduzem a frequência cardíaca e a força de contração cardíaca.

As intervenções em macacos seguem princípios semelhantes. Estudos demonstraram que modificações na dieta, como a redução da ingestão de sódio e o aumento da ingestão de potássio, levam a melhorias significativas na pressão arterial (Hoffman et al., 2004). Além disso, a utilização de fármacos anti-hipertensores foi testada com sucesso em macacos, apresentando resultados promissores em termos de redução da pressão arterial e de melhoria da função cardiovascular (Reid et al., 2015).

## Conclusão

O estudo da hipertensão em humanos e macacos, e a avaliação de intervenções terapêuticas, oferecem conhecimentos essenciais para compreender esta doença complexa e melhorar as estratégias de tratamento. Ao utilizar macacos como modelos, os investigadores podem explorar novas terapias e adaptar abordagens clínicas para melhor responder às necessidades dos doentes hipertensos.

**Capítulo 6: Evolução e Adaptação**

A evolução dos mecanismos de regulação da pressão arterial e as adaptações específicas das espécies aos seus habitats e estilos de vida fornecem uma visão fascinante sobre a forma como os organismos evoluíram para manter a homeostasia cardiovascular face a desafios ambientais variados. Este capítulo explora estas duas dimensões essenciais.

## Evolução dos mecanismos de regulação da pressão arterial

Ao longo da evolução, os mecanismos de regulação da pressão arterial sofreram modificações para se adaptarem a ambientes específicos e às necessidades fisiológicas de diferentes espécies. As primeiras formas de vida tinham sistemas circulatórios simples, mas à medida que os organismos se tornaram mais complexos, a necessidade de uma regulação eficaz da pressão arterial tornou-se primordial.

Os mamíferos, incluindo o homem e os macacos, dispõem de um sistema de regulação hormonal sofisticado, nomeadamente o sistema renina-angiotensina-aldosterona (RAAS), que desempenha um papel fundamental na gestão da tensão arterial. A evolução permitiu otimizar este sistema em resposta a uma série de condições, como as flutuações da ingestão de sódio e as necessidades de água. Por exemplo, em espécies que vivem em ambientes áridos, foram observadas adaptações como o aumento da retenção de água e uma regulação mais eficiente do sódio (Guyton, 1991).

Além disso, a evolução dos sistemas nervosos autónomos, em particular a modulação do tónus simpático e parassimpático, também tem sido essencial para a adaptação das espécies a situações de stress. Estes sistemas permitem respostas rápidas e adequadas a estímulos externos, assegurando uma pressão sanguínea adequada numa variedade de contextos, como a fuga de um predador ou comportamentos sociais complexos (Reid et al., 2015).

**Adaptações específicas a habitats e estilos de vida**

As adaptações dos mecanismos de regulação da tensão arterial estão muitas vezes intimamente ligadas aos habitats e estilos de vida das espécies. Por exemplo, as espécies aquáticas, como certos peixes, desenvolveram estratégias únicas para manter a pressão arterial estável num ambiente em que a pressão muda frequentemente. Os seus sistemas circulatórios são frequentemente menos complexos, mas são extremamente eficientes a lidar com os desafios da vida na água.

Os primatas, por outro lado, apresentam adaptações mais complexas. Os macacos, por exemplo, que evoluem numa variedade de habitats, desde florestas tropicais a regiões montanhosas, possuem mecanismos reguladores que lhes permitem adaptar-se a mudanças rápidas no seu ambiente. A sua frequência cardíaca mais elevada e a capacidade de gerir eficazmente o stress contribuem para a sua sobrevivência em condições de elevada competição por recursos (Harrison et al., 2013).

Para além disso, a dieta desempenha um papel crucial nestas adaptações. As espécies que consomem uma dieta rica em potássio, como frutas e legumes, tendem a ter uma pressão arterial mais estável e uma melhor regulação dos fluidos corporais. Isto contrasta com as espécies que consomem uma dieta rica em sódio, onde é necessária uma regulação hormonal mais intensa para compensar a retenção de água.

Em suma, a evolução dos mecanismos de regulação da tensão arterial e as adaptações específicas aos habitats e aos modos de vida ilustram a complexidade das respostas fisiológicas das espécies aos seus ambientes. Estas adaptações, sejam elas hormonais, comportamentais ou alimentares, são essenciais para garantir a sobrevivência e o bem-estar dos organismos num mundo em constante mutação.

# Conclusão

O estudo comparativo dos mecanismos de regulação da pressão arterial em humanos e macacos trouxe à luz descobertas significativas com implicações de longo alcance para a investigação futura e a saúde cardiovascular.

**Resumo das descobertas**

Ao longo deste trabalho, explorámos as diferenças anatómicas, fisiológicas e hormonais entre estas duas espécies, destacando como as adaptações evolutivas e as influências ambientais modulam a resposta cardiovascular. Os mecanismos reguladores, incluindo o sistema renina-angiotensina-aldosterona e a interação entre os sistemas nervosos simpático e parassimpático, demonstraram ser cruciais no controlo da pressão arterial. Além disso, foi demonstrado que os factores comportamentais, como a alimentação e o stress, desempenham um papel essencial no desenvolvimento da hipertensão.

Esta investigação também realça a importância dos macacos como modelos para o estudo das patologias cardiovasculares humanas, oferecendo uma visão única dos mecanismos fisiopatológicos e das intervenções terapêuticas.

**Implicações para a investigação futura**

Os resultados deste estudo abrem caminho a novas investigações sobre as interações complexas entre factores genéticos, ambientais e comportamentais na regulação da pressão arterial. A investigação futura poderá centrar-se em :

- **Estudos longitudinais**: Analisar a forma como as alterações ambientais influenciam a tensão arterial ao longo do tempo.

- **Ensaios clínicos e experimentais**: Testar novas intervenções farmacológicas ou comportamentais em modelos animais antes da sua aplicação clínica.

- **Investigação translacional**: Avaliar de que forma as descobertas efectuadas em macacos podem ser aplicadas para melhorar o tratamento da hipertensão em seres humanos.

**Perspectivas da saúde cardiovascular e da investigação translacional**

A nível mundial, a hipertensão continua a ser um dos principais factores que contribuem para as doenças cardiovasculares, com consequências significativas para a saúde pública. A compreensão dos mecanismos que regulam a pressão arterial, nomeadamente através de modelos animais, pode conduzir a abordagens inovadoras para a prevenção e o tratamento da hipertensão.

A investigação translacional, que liga as descobertas laboratoriais às aplicações clínicas, é essencial para o desenvolvimento de estratégias eficazes de saúde pública. Ao integrar os conhecimentos adquiridos em modelos animais, como os macacos, os investigadores podem conceber intervenções mais bem adaptadas às necessidades específicas das populações humanas, tendo em conta as variações genéticas e ambientais.

Em conclusão, este estudo realça a complexidade dos mecanismos que regulam a pressão arterial e a importância da investigação interdisciplinar para melhorar a nossa compreensão e capacidade de tratamento da hipertensão. As descobertas efectuadas abrem caminho a um futuro promissor na investigação cardiovascular, com ênfase na colaboração entre disciplinas científicas para traduzir este conhecimento em benefícios concretos para a saúde humana.

**Glossário :**

1. **Anatomia cardíaca**: Estudo da estrutura e da forma do coração e dos seus componentes.

2. **Átrio**: Câmara superior do coração que recebe o sangue das veias, com um átrio direito e um átrio esquerdo.

3. **Ventrículo**: Câmara inferior do coração que bombeia o sangue para os pulmões (ventrículo direito) ou para o resto do corpo (ventrículo esquerdo).

4. **Sistema de condução cardíaco**: conjunto de estruturas especializadas (nó sinusal, nó atrioventricular) que controlam o ritmo e a sincronização das contracções cardíacas.

5. **Massa miocárdica**: Peso do músculo cardíaco, que varia em função da atividade física e das necessidades metabólicas.

6. **Perfusão miocárdica**: fornecimento de sangue ao músculo cardíaco, essencial para o seu funcionamento ótimo.

7. **Frequência cardíaca (FC)**: Número de batimentos cardíacos por minuto, um indicador-chave da saúde cardiovascular.

8. **Débito cardíaco**: Volume de sangue bombeado pelo coração por minuto, determinado pela frequência cardíaca e pelo volume de ejeção.

9. **Sistema nervoso autónomo (SNA)**: Parte do sistema nervoso que controla as funções involuntárias, incluindo o ritmo cardíaco, a digestão e a respiração.

10. **Sistema nervoso simpático**: Ramo do SNA que prepara o corpo para situações de stress ("luta ou fuga"), aumentando a frequência cardíaca e a contratilidade do miocárdio.

11. **Sistema nervoso parassimpático**: Ramo do SNA que promove a recuperação e o relaxamento e diminui a frequência cardíaca após um período de stress.

12. **Contractilidade do miocárdio**: Capacidade do músculo cardíaco para se contrair e bombear o sangue.

13. **Tónus parassimpático**: Nível de atividade do sistema nervoso parassimpático, que influencia a frequência cardíaca e a recuperação.

14. **Homeostasia**: Estado de equilíbrio dinâmico dos processos fisiológicos do organismo, essencial para a sobrevivência.

15. **Recuperação**: Processo pelo qual o corpo regressa a um estado de repouso após um período de atividade física ou de stress.

16. **Investigação translacional**: Processo científico que liga a investigação fundamental à prática clínica, com o objetivo de aplicar as descobertas científicas para melhorar os cuidados de saúde.

17.☐ **Investigação fundamental**: estudos científicos destinados a compreender os mecanismos biológicos, sem aplicação clínica imediata.

18.☐ **Investigação aplicada**: Estudos que procuram resolver problemas concretos ou desenvolver tecnologias e tratamentos com base em conhecimentos teóricos.

19.☐ **Ensaios clínicos**: Estudos de investigação efectuados em participantes humanos para avaliar a eficácia e a segurança de novos tratamentos, medicamentos ou dispositivos médicos.

20.☐ **Continuum da investigação translacional**: modelo que ilustra as diferentes fases da investigação, desde a descoberta no laboratório, passando pelo desenvolvimento pré-clínico, até à aplicação clínica.

21.☐ **Inovação médica**: Introdução de novas ideias, métodos ou dispositivos que melhoram o diagnóstico, o tratamento ou a prevenção de doenças.

22.☐ **Biomarcador**: Um indicador biológico mensurável que ajuda a detetar uma doença, a avaliar a progressão da doença ou a prever a resposta ao tratamento.

23.☐ **Medicina personalizada**: Abordagem terapêutica que adapta os tratamentos às caraterísticas individuais dos doentes, muitas vezes com base em dados genéticos ou biológicos.

24.☐ **I&D (Investigação e Desenvolvimento)**: O processo de investigação e experimentação para desenvolver novos produtos, tecnologias ou métodos.

25.☐ **Parcerias público-privadas**: Colaborações entre o sector público (governos, instituições de investigação) e o sector privado (empresas, indústrias) para promover a inovação e o desenvolvimento de novas soluções de cuidados de saúde.

**Referências :**

1. Appel, L. J., et al. (1997). "Um ensaio clínico sobre os efeitos dos padrões alimentares na pressão arterial". *New England Journal of Medicine*, 336(16), 1117-1124.

2. Buchanan, J. W., & Becker, J. A. (2010). "O sistema renina-angiotensina: Fisiologia e farmacologia". *Cardiovascular Pharmacology*, 54(3), 235-245.

3. Cornelissen, V. A., & Smart, N. A. (2013). "Treinamento físico para pressão arterial: uma revisão sistemática e meta-análise." *Jornal da Associação Americana do Coração*, 2 (1), e004473.

4. Dunbar, R. I. M. (2009). *The social brain: mind, language, and society in evolutionary perspective [O cérebro social: mente, linguagem e sociedade em perspetiva evolutiva]*. Revista Anual de Antropologia, 38, 211-228.

5. Geleijnse, J. M., et al. (2005). "Abordagens dietéticas para prevenir a hipertensão: o papel do potássio". *The American Journal of Clinical Nutrition*, 81(5), 1058-1067.

6. Harrison, D. G., & Coffman, T. M. (2003). "O sistema renina-angiotensina na hipertensão: uma nova perspetiva". *The Journal of Clinical Investigation*, 111(7), 1017-1025.

7. Harrison, G. A., et al. (2013). "Stress social e regulação da pressão arterial em primatas". *American Journal of Primatology*, 75(12), 1196-1203.

8. Hoffman, J. R., et al. (2004). "Respostas fisiológicas do macaco ao exercício e suas implicações para a compreensão da função cardiovascular humana". *Journal of Physiology*, 559(2), 561-570.

9. Koch, W. J., & Lefkowitz, R. J. (2005). "Sinalização do recetor adrenérgico no coração: Regulação pelo sistema renina-angiotensina." *Circulation Research*, 96(1), 82-93.

10. Kraus, W. E., et al. 2008. "Efeitos de uma dieta rica em sódio na pressão arterial e na saúde cardiovascular em primatas não humanos". *Journal of Hypertension*, 26(9), 1815-1822.

11. Lindsey, L. A., et al. (2014). "Anatomia comparativa das artérias coronárias em primatas". *American Journal of Primatology*, 76(6), 566-578.

12. López-Sepúlveda, R., et al. (2016). "O papel do sistema renina-angiotensina na regulação da função cardiovascular". *Frontiers in Physiology*, 7, 292.

13. Mancia, G., et al. (2007). "Regulação da pressão arterial: O papel dos barorreceptores". *Hypertension*, 49(3), 569-576.

14. Reid, J. W., et al. (2015). "A influência do sistema nervoso autônomo na variabilidade da frequência cardíaca em primatas". *Physiological Reports*, 3(7), e12473.

15.Reid, J. L., et al. (2015). "O papel do estresse na regulação da pressão arterial: Lições de modelos animais". *Pesquisa sobre Hipertensão*, 38(3), 185-192.

16.Organização Mundial de Saúde (OMS). (2021). "Hipertensão". Recuperado do site da OMS.

17.Whelton, P. K., et al. (2018). "Diretriz para a prevenção, deteção, avaliação e tratamento da pressão alta em adultos". *Jornal do Colégio Americano de Cardiologia*, 71(19), e127-e248.

Printed by Books on Demand GmbH, Norderstedt / Germany